AF309054

LETTRE

D'UN VIEUX CAPRICORNE

DU PARC DE VERSAILLES

A

TOUS LES INSECTES DE FRANCE ET DE NAVARRE

RECUEILLIE PAR

ALBERT ARNOUL

Avocat à la Cour de Paris,

Ancien Secrétaire général de la Société protectrice des Animaux.

———o—<><>—o———

PARIS

AUG. BOYER ET Cie, LIBRAIRES-ÉDITEURS

49, rue Saint-André-des-Arts, 49

——

1878

A MONSIEUR LE BARON DE LA SICOTIÈRE

Monsieur le Sénateur,

Vous avez devant le Sénat défendu la cause des oiseaux avec autant de science que de talent. Vous avez courageusement soutenu les vrais intérêts du pays profondément compromis et vous n'avez pas désespéré du succès.

Soyez loué ! L'opinion des hommes de bon sens est avec vous.

Veuillez recevoir la dédicace de ce petit ouvrage, une bagatelle qui cache sous une forme nouvelle et plaisante les pensées les plus sérieuses. Vous comprendrez mon langage, Monsieur, vous qui avez pris la peine d'expliquer l'immense danger qui nous menace.

ARNOUL.

AVANT-PROPOS

Les insectes sont pour l'homme une cause d'incalculables dommages. L'homme, impuissant contre l'insecte, ne peut lui opposer que l'oiseau. Déjà, dans un petit livre intitulé *Au village* (1), l'auteur de la boutade qu'on va lire a consacré quelques chapitres à cet important sujet. On détruit les oiseaux ; vous n'en voyez presque plus, certaines espèces disparaîtront bientôt. Les insectes augmentent d'autant plus et les espèces les plus malfaisantes nous inondent. Le mal grandit dans des proportions vraiment inquiétantes, et l'on peut répéter ce cri de détresse que Mgr le cardinal

(1) *Au Village*. Vol. in-12 de 336 pages. Prix : 1 fr. 25 c. Chez Aug. Boyer et Cie, libraires-éditeurs, rue Saint-André-des-Arts, 49, à Paris.

ij

Donnet, archevêque de Bordeaux, faisait entendre un jour dans un comice agricole qu'il présidait: *Les oiseaux ou la disette !*

Un projet de loi dû à l'initiative individuelle, reprenant la suite des travaux déjà commencés sur la matière par M. le président Bonjean, par M. Ducuing et surtout les savants documents fournis par la Société protectrice des animaux, fut présenté au Sénat il y a quelques mois. Il avait pour objet la destruction des insectes nuisibles et la conservation des oiseaux utiles.

Malgré les efforts patriotiques de la Commission et de M. de la Sicotière, son rapporteur, le projet, discuté dans les séances des 12, 19 et 21 février 1878, ne fut pas accueilli.

C'est à cette occasion qu'un insecte plein d'allégresse, après avoir exprimé ses vifs remerciements, écrivit à ses parents, amis et connaissances la lettre qu'on trouvera ci-après.

PROLOGUE

Un bruit étrange s'était répandu parmi les insectes. On disait que des lois terribles étaient préparées contre eux ; qu'il s'agissait de leur extermination radicale. La terreur régnait dans le monde immense des *Coléoptères,* des *Hémiptères,* des *Orthoptères,* des *Névroptères,* des *Hyménoptères,* des *Diptères...,* en un mot, dans les innombrables familles de ces petits êtres visibles et invisibles qui nous assiègent, nous rongent, nous dévorent. Les papillons étaient dans le marasme ; la paralysie avait frappé les sauterelles et les cigales ; les charançons étaient attérés ; les grillons n'osaient sortir de leurs trous ; les hannetons surtout étaient frappés d'épouvante.

Mais le ver à soie, rassuré par sa bonne conscience, continuait à filer tranquillement son cocon, et l'abeille, sans inquiétude pour elle et pour ses compagnes, n'avait pas interrompu ses utiles travaux.

La forêt de Fontainebleau, habitée par de nombreuses familles, avait changé d'aspect. Sur les grands hêtres de la Mare aux Evées, sur les vieux chênes de Barbizon, sur les hautes futaies comme sur les buissons de la Gorge aux loups, dans les cavernes et sur les rochers de Franchard, sur les gazons de la Vallée de la Solle, dans toutes les parties de cette magnifique forêt, autrefois remplie du bruit et des éclats de la joie de tant de milliers de petites familles, planait un silence de mort.

« Hélas ! disait un vieux cerf-volant à la phalène, sa voisine, qui agitait convulsivement ses ailes alourdies par la frayeur, de terribles malheurs nous menacent. Pourquoi nous

V

tourmentent-ils ? N'ont-ils pas assez de leurs tracasseries et de leurs luttes sans fin ? Ne feraient-ils pas mieux de s'occuper de leurs affaires et de mettre la paix dans leur société qui chancelle ? »

Un vieux capricorne de Versailles, fort au courant de tout ce qui se passait, résolut de consoler ses frères des départements et de fortifier leurs courages ; il prit la plume et leur écrivit la lettre qui suit :

LETTRE D'UN VIEUX CAPRICORNE DE VERSAILLES

À

TOUS LES INSECTES DE FRANCE ET DE NAVARRE

Parc de Versailles, 1er mai 1878.

A tous les Insectes présents et à venir, Salut !

MES CHERS CAMARADES,

Nous l'avons, en dormant, amis, échappé belle !

I

Vous savez que, depuis longtemps, une vaste conspiration se trame contre nous. Une race ennemie a conjuré notre perte. Mais en dépit d'elle et de ses efforts, nous continuons à vivre à gogo. Cette race maudite, vouée au travail depuis le jour du crime de son premier père, laboure, bêche, sème, plante et récolte ce qu'elle peut, moins pour elle que pour nous. A nous la fleur de ses blés, orges et avoines, de ses colzas, de ses prairies, la primeur de ses excellents légumes ; à nous le meilleur suc des plantes et des fruits ; à nous les jeunes pousses des arbres ; à nous les vignes odorantes, les pommes de terre savoureuses ; à nous les champs, les jardins et les bois ; à nous toute la nature ! Nos trois cent soixante-deux mille grandes familles ont bon appétit ; je ne sais pourquoi on voudrait les empêcher de manger ou les mettre au régime. L'auteur des choses a bien fait tout ce qu'il a fait. Il faut que tout le monde vive et vive bien.

Les heureux du monde ont toujours leurs ennemis. Vous avez entendu comme moi, dans ces réunions qu'ils appellent Comices agricoles, des discours où il était souvent question de nous. On criait beaucoup, on prononçait des anathèmes contre les insectes, des familles entières étaient signalées et vouées à la destruction.

Je me disais : Nous sommes devenus un sujet de discours ; c'est pour le mieux. Les Français sont bavards, ils continueront longtemps à bavarder. Nous laissions dire, et nos familles grandissaient toujours. On se mit à imprimer des livres contre nous; nous laissions imprimer et nos familles continuaient à grandir. On imagina de composer certaines poudres et de les répandre pour nous empoisonner. Quelques frères tombés victimes de cette perfidie étaient pour les autres un avertissement. Les hommes, qui entendent si bien l'art de s'empoisonner entre eux, devraient garder ces aimables moyens de destruction pour eux-mêmes et nous faire une guerre plus loyale. Nous n'empoisonnons pas nos semblables, nous autres. Qu'importe, après tout, qu'ils nous frappent. Pour un qui tombe, nous renaissons par milliards !

II

L'infatigable charançon, la cécidomye, l'alucite, le taupin, les insaisissables altises, le ver blanc insatiable et tant d'autres ravageaient depuis longtemps les plantes de la plaine et des jardins ; d'autres camarades en grand nombre dévastaient leurs arbres fruitiers et forestiers ; la brave pyrale avait déjà rongé les vignes. de plusieurs de leurs dépar-

tements, lorsque parut l'invincible phylloxera. Il a fait invasion dans toutes les vignes
du midi, continue sa marche silencieuse et
sûre vers le centre, et rayonne vers le sud-
est. Les Français ont nommé des commissions
très nombreuses, ont promis de grandes récompenses, ont fait des lois pour combattre
ce nouvel ennemi. Ils ont ordonné l'arra-
chage des vignes où le phylloxera sera ren-
contré. Le phylloxera, qui n'est pas toujours
dans la terre et ne craignait que la rencontre
de l'oiseau, ne paraît pas se porter plus mal.

Un vol énorme de braves sauterelles s'est
abattu en Prusse, aux environs de Berlin. Ces
infatigables conquérantes ont ravagé une
grande étendue de provinces. Les savants
naturalistes de l'Allemagne sont ahuris; ils
cherchent vainement de quelles contrées peuvent venir ces intrépides voyageuses. Les
hommes l'ignorent, eux qui prétendent savoir
ce qui se passe dans la lune! Ce n'est pas moi
qui le leur apprendrai. On ne peut reprocher
aux sauterelles leur goût prononcé pour les
voyages: que d'hommes voyagent pour leur
plaisir! Mais on ne leur pardonne pas de piller

sur leur passage. De bon compte, les sauterelles peuvent-elles emporter des provisions?
peuvent-elles se charger de bagages? On sait
bien, en Allemagne, qu'en pareil cas on vit
aux dépens du pays envahi.

Il y a mieux encore: voici qui réjouira le
cœur de tout véritable insecte et de tout
ennemi des oiseaux. Un autre conquérant, le
doryphora vient de se montrer. En 1823 les
habitants des montagnes Rocheuses, dans l'A-
mérique du Nord, ayant planté des pommes
de terre, le doryphora trouva cet aliment de
son goût et dévasta les cultures. En 1859 il
passa dans le Nebraska; en 1861, dans le Mis-
souri et l'Iowa, où il ne laissa pas une pomme
de terre. En 1866 il traversa le Mississipi et
se répandit dans le Wisconsin, l'Illinois, le
Kentucky. En 1870 on le trouve dans les
États de Michigan et de l'Ohio. En 1871 il envahit le Canada, la Pensylvanie et l'État de
New-York; en 1873, il pénétre dans les environs de Washington et de Baltimore. De
1868 à 1873 il s'est avancé à raison de quatre-
vingt-seize kilomètres par an. Partout où il a
passé, il a rasé les champs de pommes de

terre. Ainsi, après avoir dévoré les champs de pommes de terre dans quatorze États de l'Amérique, sur une étendue plus grande que celle de l'Europe, il a bravement traversé l'Océan et se rapproche de nos pays. Il a paru en Allemagne; il est aux portes de la France. Les Français, toujours facétieux, ont fait dernièrement une loi pour l'empêcher d'entrer; mais le doryphora a surmonté bien d'autres obstacles. En Amérique, il a su traverser les grands fleuves et les plus hautes montagnes; il a su passer le Grand Océan, il saura bien passer la frontière.

L'homme peut faire contre nous autant de lois qu'il voudra, il n'arrêtera pas notre marche. Nous ne craignons que l'oiseau.

III

Il faut que je vous raconte quelques bons tours de nos camarades. En Allemagne, les habitants étaient fiers de leurs belles forêts. Ils les montraient avec orgueil aux étrangers. Mais nos braves nonnes que leurs savants appellent *phalœna monacha* étaient là, depuis des siècles, s'occupant très-activement de l'augmentation de leurs gentilles familles. Elles s'introduisaient en grand nombre sous l'écorce des arbres, suçaient la sève, creusaient l'intérieur et rongeaient le bois jusqu'à la moelle. Dans ces retraites, à l'abri du soleil et du froid, elles établissaient commodément leur ménage, menaient une vie patriarcale, et, loin des soucis du monde et des ennuis de la politique, elles passaient tranquillement leur temps à manger, à pondre, à bien élever leurs nombreux enfants. Par malheur, les arbres qui leur servaient de logement et de nourriture dépérirent. Les corps savants de l'Allemagne étudièrent la maladie de ces végétaux. Un des savants, plus avisé que les autres, découvrit le secret et nous accusa d'avoir fait périr les arbres. Alors, pour nous tuer, on mit la cognée et le feu aux forêts. On abattit la forêt de Tannesbuch, on brûla sur place les bois, les branches et même les bruyères. Dans la Prusse orientale, on mit à bas, dans une forêt, vingt-quatre millions de mètres cubes de sapin. En Bohême, on abattit, on brûla une forêt de sapins superbe, sur une étendue de cent quatre-vingt-dix mille arpents. Le malheur, c'est que ces incendies font périr avec le bois les familles infortunées de nos frères.

IV

Il faut voir à l'œuvre nos intelligents termites. En Amérique, ils vont très bien. Ils ont fait disparaître un village de nègres, voulant sans doute coopérer à leur manière à la destruction de l'esclavage.

Une certaine nuit, ils ont fait à un ingénieur une farce que je vous recommande. Avant de se coucher, notre ingénieur, homme de précaution, avait placé avec soin sa valise sur une table. Les termites du voisinage voulurent visiter la valise ; mais comment l'atteindre ? Les termites n'éprouvèrent pas le moindre embarras. La nuit venue, ils traversent un pied de la table de bas en haut. Arrivés à la valise, ils y entrent et en dévorent le contenu. Ils percèrent à jour dans tous les sens les vêtements de l'ingénieur et mirent en lambeaux son linge et ses habits ; ils mangèrent tous ses papiers, ses plans, ses crayons même, y compris la mine de plomb.

Les termites ont envoyé des colonies en France, dans quelques localités du midi; ils se plaisent davantage dans la Charente. Ils y pratiquent des travaux de mine dans les maisons, y mangent les charpentes des toits et des planchers. Ils ont eu la hardiesse d'attaquer la préfecture de La Rochelle et d'en prendre possession. Dans les jardins, on ne peut planter un piquet sans le trouver attaqué le lendemain. Les tuteurs donnés aux jeunes arbres sont rongés par le pied, les arbres sont parfois minés jusqu'aux branches. Dans l'hôtel, ils ont eu l'audace d'envahir les bureaux et de s'installer même dans les appartements de M. le Préfet. Ils ont rongé les poutres de l'édifice, en prenant le soin de ne laisser qu'une faible couche superficielle.

Dans les archives de la Préfecture, leur travail est encore plus intéressant. Ils ont presque tout mangé, sans laisser de trace extérieure. Ils sont arrivés aux cartons en minant les boiseries; ils ont vidé les liasses et les cartons comme la valise de l'ingénieur.

L'archiviste se promenait tranquillement dans les salles, devant ses cartons et ses casiers, admirant un si bel ordre, et le montrant avec orgueil aux visiteurs. Un jour, il ouvre une liasse et la trouve dévastée. Alors il fait une revue générale de ses cartons : ils étaient intacts à l'extérieur ; il examine au dedans les papiers : le bord des feuillets était en parfait état, tant les termites sont soigneux..... Mais il ne restait plus rien des papiers administratifs, ils étaient mangés !

V

Je vous ai parlé de ces sauterelles voyageuses qui viennent de visiter les environs de Berlin. L'histoire raconte ces invasions comme elle raconterait les invasions de l'ennemi, et l'histoire a raison : elles sont accompagnées et suivies des mêmes calamités pour l'espèce humaine. Les barbares ont envahi la Gaule une fois au IVe siècle ; écoutez les dates des principales campagnes des braves sauterelles en Europe. Au VIe siècle, une armée de sauterelles ravagea l'Italie ; au IXe siècle, l'Allemagne, la France, l'Espagne ; au XIIIe siècle, le Milanais ; au XIVe siècle, la Lombardie ; au XVe siècle, la Vénétie. Elles ont tout détruit sur leur passage ; la famine, la peste ont suivi chaque invasion. Au XVIIe siècle, la Provence, le Languedoc, l'Auvergne, le Bourbonnais furent dévastés par une pareille invasion. En 1719 les sauterelles envahirent de nouveau le Languedoc. Leur armée prit possession de la ville de Beaucaire après avoir ravagé les campagnes environnantes. Elles envahirent les maisons. Les murailles en étaient tapissées. Elles mangeaient sur la table le dîner des habitants, et leurs escadrons ailés, devenus trop familiers, s'attachaient aux habits de ces infortunés. Les habitants ne furent débarrassés de ces hôtes incommodes que lorsqu'il plut aux sauterelles de se retirer. Ce peuple n'établit pas de colonies ; quand il a tout mangé il s'en va, s'il ne meurt pas d'indigestion.

Il y avait un oiseau, le *Martin triste,* qui faisait une guerre terrible aux sauterelles. Heureusement les hommes, au lieu de multiplier cette espèce, l'ont à peu près détruite.

On ne voit plus de martins. Les sauterelles en sont bien aises.

Partout nos familles montrent une activité digne d'éloges. Je veux vous raconter encore un bon tour joué aux éleveurs de Normandie par nos malins vers blancs. Comme les termites, ils ne font pas de bruit et travaillent beaucoup. Mais le termite, après avoir fait son coup, s'échappe avec adresse, tandis que le ver blanc se laisse prendre bêtement.

Il n'y a pas longtemps, dans la riche vallée de Monville, près de Rouen, les éleveurs menaient leurs bœufs dans une grande et magnifique prairie. Les bœufs y trouvaient une herbe épaisse et savoureuse. Peu à peu, de place en place, on vit l'herbe jaunir et bientôt toute la prairie se dessécha. On examina et l'on s'aperçut que les racines étaient coupées. La prairie entière, détachée du sol, pouvait se rouler comme un tapis.

On attribua d'abord ce dégât aux taupes ; les hommes leur firent une guerre terrible, et le métier de taupier fut en grand honneur dans les campagnes ; puis le taupier tomba en disgrâce. On avait découvert que le véritable coupable était le ver blanc et que la taupe était innocente. Les hommes, qui n'ont jamais pu réhabiliter l'infortuné Lesurque, ont réhabilité la taupe ! Voilà donc notre malheureux frère voué à toutes les vengeances. Pauvre hanneton, il n'y a plus pour toi de repos ; on te poursuit en tout temps, même lorsque, enveloppé de la robe blanche de l'innocence, tu vis modestement sous terre, caché, dans ton enfance, sous la forme d'ailleurs assez laide de ver blanc !

VI

Nous sommes petits, mais infatigables, nombreux, bien organisés. Nos légions innombrables vivent sans se nuire. L'homme se dispute les biens de la terre. Chez nous, chaque famille a son arbre, sa plante, sa feuille, sa fleur, son fruit. Pas de basses jalousies, pas de larcins ni de filouteries ; nous respectons les droits de nos frères, et n'avons besoin ni de tribunaux ni de gendarmes.

Comme tout ce qui vit, nous avons nos

plaisirs ; nous supportons la douleur, mais nous ne pleurons pas : nous savons souffrir et nous taire et nous avons la vie dure. L'homme lui-même en est étonné. Une mouche fort instruite, dont je vous parlerai plus bas, a trouvé dans le livre du savant docteur Blatin quelques traits qui prouvent la cruauté de l'homme et l'obstination que nous mettons dans notre résistance passive à la force.

Vous savez qu'ils prennent plaisir à nous placer dans leurs collections. Alors, sans songer aux douleurs atroces qu'ils causent, ils enfoncent avec lenteur et précaution une épingle à travers nos organes palpitants ; ils voient sans émotion notre corps se contracter, nos pattes, nos antennes, nos ailes s'agiter convulsivement. Ils fixent ensuite l'épingle dans une boîte, sachant bien que notre martyre se prolongera des semaines, des mois, des années : tant notre puissante organisation comporte de courage et de résistance obstinée à la mort. Ils ne peuvent pas nous tuer.

Qu'un homme tombe à l'eau, au bout de quelques minutes il est perdu. Un savant plaça un jour des hannetons dans une cloche pleine d'eau. Après une heure de submersion, il retira les hannetons, qui se ranimèrent bientôt et s'envolèrent. Alors il laissa d'autres hannetons sous l'eau pendant vingt-quatre heures et les retira. Après une heure de repos, les hannetons reprirent leur vol.

En octobre 1854, un savant trouve dans un tronc d'arbre un cerf-volant qui ne pensait guère à lui; il l'emporte, le perce de part en part d'une épingle, et suspend l'insecte au plafond de son cabinet, à l'aide d'un fil attaché à la tête de l'épingle. Le cerf-volant a vécu ainsi jusqu'à la fin de septembre de l'année suivante.

Par amour de la science, un observateur conserva vivant, pendant près de deux ans, je ne sais lequel de nos frères coléoptères, solidement fixé sur un liège, le corps traversé par une épingle.

Un autre savant s'empare d'un cerf-volant; il veut le noyer et le plonge dans l'eau avant de se coucher. Le lendemain, l'ayant trouvé raide et sans mouvement, il le place dans une soucoupe et sort. A son retour, notre brave

coléoptère avait décampé. Le savant querelle
ses domestiques, croit qu'on lui a volé son
prisonnier, le cherche et le trouve enfin se
promenant gravement sous le lit de son per-
sécuteur. Celui-ci, s'apercevant qu'il n'avait
pas assez bien noyé sa victime une première fois,
l'attache à un morceau de fer et le précipite
au fond d'un verre plein d'eau. L'insecte passe
ainsi la nuit et la journée du lendemain. Vers
le soir, il est retiré de l'eau et ne donne au-
cun signe d'existence.

Le savant le transperce alors d'une épingle
selon l'usage, le fixe contre le mur et s'endort
ensuite d'un sommeil tranquille. A son réveil,
le savant fut stupéfait de voir son malheureux prisonnier remuant ses pattes avec vigueur et faisant des efforts désespérés pour se
dégager. Le savant le reprend et le replonge
au fond de l'eau, attaché au morceau de fer.

Cette fois, il resta sous l'eau trois jours et
trois nuits. Au bout de ce temps, le savant le
retire. Pour le faire sécher, il le place les
pattes en l'air, au soleil, sur une feuille de
papier, et sort. Le soir, à son retour, il trouve
sa victime à la même place, mais agitant ses

pattes et faisant effort pour changer de place. Le savant le retourne. Le cerf-volant, sans se préoccuper de l'épingle qui lui traverse le corps, se met à se promener.

Pour le coup, le savant épouvanté crut avoir affaire au diable. Il s'approche avec précaution de l'insecte si obstiné à vivre, le prend et le jette brusquement par la fenêtre.

Le savant, se reprochant un peu tard sa cruauté, a renoncé, dit-on, pour toujours, à ses études expérimentales sur les animaux. C'est ce qu'il pouvait faire de mieux. Avis aux vivisecteurs qui, le couteau à la main, font tant d'études sanglantes sur leurs chiens. Oui, il y a des hommes qui prennent un chien, le caressent pour qu'il se laisse faire, le bâillonnent, l'attachent étroitement; puis, retroussant les manches de leur habit, prennent un couteau, ouvrent le ventre de l'animal vivant, fouillent l'intérieur pour montrer combien de temps il met à digérer telle ou telle substance, pour faire voir des phénomènes parfaitement acquis à la science; ensuite le ventre est recousu, et la pauvre bête, toujours vivante, est mise de côté pour servir aux exercices du lendemain. D'autres vivisecteurs montrent les fonctions du cerveau et les rapports de cet organe avec le système nerveux. Ils scient la boîte osseuse avec précaution, afin de ne pas faire trop tôt mourir l'animal, enlèvent cette calotte et font leurs démonstrations, qu'ils pourraient tout aussi bien faire sur un modèle de cire ; à la fin, on replace la calotte sur le cerveau. On ferme la boîte pour la rouvrir un autre jour. Bien d'autres choses du même genre se font en public ou dans le cabinet. Je ne vous parle pas des angoisses et des hurlements de douleur poussés par la victime. Le tout forme un spectacle très-intéressant, très-recherché par ceux qui aiment les fortes émotions.

Je reviens à notre intrépide cerf-volant. Que diront les hommes de notre incroyable constance et de l'étonnante vigueur de notre constitution ? Nos braves coléoptères leur donnent l'exemple. L'homme perd la tête et se noie dans une goutte d'eau ; nous restons submergés pendant des journées. Un simple coup d'épingle, un petit coup d'épée le fait mourir ; mais nous autres, traversés d'outre en outre, cloués contre un mur par ces cruels ouvriers de la mort, nous vivons des mois, sans boire ni manger. Nous savons souffrir un épouvantable martyre pendant des années, et la piqûre d'une guêpe le fait pleurer !

En vérité, je vous le dis, la race humaine finira et l'empire du monde appartiendra à ceux qui sont invincibles à la douleur et à la mort.

VII

L'homme, mes frères, est un être imparfait et méchant. Il s'est arrogé sur les animaux un empire qui cessera. Il maltraite les animaux qui sont soumis à lui, les tue et les mange. Il mange maintenant ses vieux chevaux et mangera bientôt son chien fidèle. Tout lui est bon. C'est nous qui vengerons la race animale opprimée. L'intelligence de l'homme l'a placé au-dessus de nous ; mais nos légions sauront le vaincre par le nombre et le courage.

Dans les forêts de l'Allemagne, on ramasse les œufs de la nonne au boisseau ; l'alucite et

le charançon des blés pondent quatre-vingt-
dix œufs ; l'insecte de l'olivier, deux mille ;
la pyrale, cent trente ; le phylloxera pond sans
relâche pendant toute l'année ; le doryphora
pond douze cents œufs trois fois par an, un
seul couple en une saison produit dix millions
de jeunes ; le hanneton pond cinq cents œufs ;
la femelle du termite pond quatre-vingt mille
œufs *par jour* et cette ponte prodigieuse dure
toute l'année ; le puceron procrée, en cinq
générations, près de six milliards de petits, et
dix générations se succèdent dans le cours
d'une année ! Telle est la mesure de la fécondité
de nos familles. Nous sommes de véritables
machines à pondre ! Que voulez-vous que
l'homme devienne ? il ne peut avoir qu'un
petit dans l'année !

VIII

L'homme ne peut rien contre nous. Il ne
peut nous voir, il ne peut nous suivre, il ne
peut nous atteindre. Un homme a-t-il jamais
pu empêcher nos invisibles termites d'entrer
chez lui en se glissant sous les fondations de

sa maison ; d'y tout dévorer, ses provisions, ses vêtements, ses boiseries, ses charpentes, ses poutres, ses papiers, tous ses meubles ? A-t-il jamais pu arrêter l'invasion d'une armée de sauterelles qui envahit une province et la ruine ? A-t-il jamais pu empêcher le ver blanc et le ver jaune de ronger toutes les racines des plantes et des arbres ? A-t-il jamais pu supprimer les chenilles et les hannetons qui mangent ses arbres fruitiers et dévastent ses forêts ? Peut-il arrêter la marche triomphante du doryphora, du phylloxera ?

Non, nous n'avons peur ni de l'homme, ni des poisons qu'il a inventés, ni des lois qu'il fait contre nous. Nous ne craignons que l'oiseau ! L'oiseau, dont l'œil perçant nous voit de loin, quelque petit que nous soyons ; l'oiseau, qui sait trouver nos œufs, dans quelque lieu que nous les cachions ; l'oiseau, dont la vivacité ne nous permet pas de fuir, et qui sait nous atteindre ; l'oiseau glouton, qui n'est jamais rassasié de nos pareils : voilà l'ennemi ! L'homme nous nourrit et pourvoit à nos besoins, mais l'oiseau nous mange.

Heureusement pour nous, l'homme, cet être

si intelligent, fait à l'oiseau une guerre plus active encore que l'oiseau ne nous la fait à nous-mêmes. Si l'oiseau nous mange, l'oiseau est mangé à son tour. C'est bien fait, il n'a que ce qu'il mérite.

Réjouissons-nous donc, ô mes compagnons; l'homme a inventé pour détruire les oiseaux des pièges et des instruments de toute sorte. L'homme excelle dans tous les genres de chasse. Il y réussit à ce point, qu'il diminue notablement chaque année et qu'il aura bientôt anéanti toutes ces méchantes races emplumées, ennemies de nos familles.

IX

Oui, réjouissons-nous, frères bien-aimés. Les chasseurs et les braconniers font rage contre les oiseaux. Dans les départements de l'est et du midi, tout oiseau qui entre est condamné à mort ; tant pis pour lui. A toute heure du jour et de la nuit, on y prend les oiseaux aux filets et à la tendue. Il n'y a pas de chasseur qui n'en prenne au moins deux cents par jour, et dans ces pays-là, tout le monde est chasseur. En Provence, on se sert d'un filet avec lequel on prend par jour quarante douzaines de petits oiseaux, nos plus terribles ennemis ; dans les Pyrénées, on en prend dix mille par jour ; dans la Haute-Marne, dans une tendue placée le long d'un bois, un seul homme, en quarante-cinq jours, prenait près de onze mille de ces petits oiseaux. Cet excellent ouvrier travailla ainsi honnêtement pendant sept ans à prendre des petits oiseaux de toute espèce et surtout des rouges-gorges, des roitelets et des rossignols. En tenant compte des œufs que ces oiseaux auraient produits, cet homme, à lui seul, nous a délivrés de trois millions au moins de ces maudites petites bêtes. Dans tous les bois de l'Est, on a le bon esprit d'établir de semblables tendues. Vous voyez que la race des oiseaux ne pourra pas résister longtemps. Il faut vous dire que ce digne homme a renoncé à sa louable industrie : le nombre des oiseaux a tellement diminué qu'il se plaignait de n'y plus trouver son compte. On ne l'a pas décoré !

Autrefois l'hirondelle était très aimée, elle était, disait-on, l'amie de l'homme ; elle établissait son nid sous les grandes portes des fermes, aux fenêtres, dans les cheminées; elle portait bonheur à la maison hospitalière. Maintenant, elle fera bien de s'en éloigner. Voici le traitement que l'homme destine à ses meilleurs amis :

Dans le Midi, on traite les hirondelles comme des animaux malfaisants ; on les prend au filet par milliers. Dans la Gironde, deux arrondissements se sont signalés ; on y a compté le nombre des victimes dans une saison ; il s'élève à un million soixante-treize mille. Dans une localité de l'Ariège, on prend chaque année plus de vingt mille hirondelles. Cet oiseau était pour nous très dangereux, chassant toute la journée, se nourrissant uniquement de nous et mangeant par jour un poids égal à celui de son corps. Il engloutissait tous les insectes ailés. Les cousins et les moucherons pourront croître et multiplier à leur aise et remplir joyeusement toutes les couches de l'air de leurs épais tourbillons.

Je ne vous citerai pas d'autres exemples des actes de destruction accomplis par les hommes, qui font si bien nos affaires. Par la manière dont ils traitent l'hirondelle, qui fut toujours leur amie, jugez du reste. C'est un massacre général.

Je suis allé faire un tour dans les champs et dans la forêt de Saint-Germain, et je me suis assuré qu'en effet on ne voyait presque plus d'oiseaux. Nous allons donc pouvoir mener une vie plus tranquille et craindre moins les mauvaises rencontres. Dieu soit loué !

J'ajoute une grande, très grande nouvelle. J'apprends que, pour favoriser sans doute l'industrie des pâtissiers, on vient, dans beaucoup d'endroits, de décider que les alouettes sont des animaux nuisibles et qu'il est permis de les tuer en tout temps. Oui, certes, cet oiseau est fort nuisible... à nous. Cet oiseau faisait un mal immense à nos petits camarades qui vivent dans les blés et sur les blés. Lorsqu'ils se promenaient dans leurs sillons, ils rencontraient partout ces fâcheux oiseaux, qui ne les épargnaient pas. Les méchantes alouettes en faisaient un massacre affreux dans toute la plaine. Les hommes deviennent fous, profi-

tons de leur folie et que la pâtisserie leur soit
légère !

X

Redoublons d'ardeur, dévastons de plus en
plus le domaine de l'homme ; nous réduirons
à la famine l'homme et ses petits, et nous pos-
séderons la terre. Mais, il ne faut pas vous le
dissimuler, nous avons encore des persécu-
tions à essuyer. J'entrevois de grandes calamités.

Il existe en France, en Algérie, en Angle-
terre, en Allemagne, en Russie, en Italie et
jusqu'en Amérique, des réunions de braves
gens qui s'intitulent Société protectrice des
animaux. Les hommes qui les composent
prêchent et pratiquent les idées de bonté, de
compassion et de justice envers les bêtes,
dont le nombre est si grand !

Cette institution est admirable. Tout ce qui
vit a droit à ses égards,

Et sa bonté s'étend sur toute la nature,

comme a dit un poëte.

Je m'étais toujours promis, dans le cas où

l'on nous tourmenterait trop, de chercher dans ces sociétés un secours. Mais comme il y a beaucoup de gens qui promettent plus qu'ils ne tiennent, je crus devoir prendre des renseignements. J'ai bien fait de ne me pas montrer trop confiant.

Le croirait-on? Ces sociétés ont déjà, depuis longtemps, pris parti contre nous. Depuis plus de vingt ans elles se plaisent à faire un bruit infernal en faveur des oiseaux. Elles parlent, elles impriment; elles récompensent ceux qui nous font du mal. Elles protègent surtout les oiseaux qu'elles ont honoré du nom barbare d'insectivores. Si vous êtes insectivore, elles veulent que vous soyez protégé, secouru, cajolé, que vos nids soient gardés avec soin; vous avez droit à leur amitié, vous êtes un oiseau sacré. Hors de là, pas de salut. Quant à l'oiseau qui n'est pas insectivore, tant pis pour lui : d'accord avec les chasséurs, ces sociétés veulent bien qu'on le mange.

N'y a-t-il pas là autant d'inconséquence que d'injustice? Si vous protégez les animaux, vous méritez le beau nom que vous vous êtes donné. Dans le cas contraire, quittez ce nom et prenez celui de Sociétés protectrices de quelques animaux. Eh! quoi, je viens de confiance frapper à votre porte pour vous demander secours contre un méchant merle qui me poursuit. Vous faites entrer le merle et moi. A première vue, vous couronnez de roses le merle et le comblez d'éloges et de chatteries; vous prononcez des discours en son honneur; souvent même des poètes se mettent de la partie et riment des strophes à sa gloire. Quant à moi, vous m'examinez et vous prononcez cette sentence : Toi, tu es de la classe des hexapodes, tu fais partie de l'immense famille des quarante mille coléoptères que nous connaissons; tu es un des nombreux animaux auxquels je fais la guerre. Tu seras livré au merle. — Comment! livré au merle! Comment! vous faites la guerre à certains animaux! Vous n'êtes donc pas notre société protectrice. Mais alors vous m'avez trompé. Changez de nom. Vous n'êtes plus la Société des bons cœurs.

Quoi! vous protégez tout particulièrement le cheval, l'âne, le bœuf, le chien, tous les animaux avec lesquels vous vivez : est-ce que les services incalculables qu'ils rendent ne sont pas un titre suffisant aux égards des hommes ? Si les hommes ne ménageaient pas ces bons animaux, ils seraient par trop ingrats et trop féroces. Quel mérite y a-t-il à protéger des êtres bons et dévoués qui vivent et meurent pour vous ? Vous voulez empêcher les combats de taureaux, rien de mieux. Cependant, que ces animaux soient tués par un coup d'épée dans l'éclat d'une fête, au bruit des fanfares, sous les yeux d'une multitude altérée de sang, ou qu'ils succombent dans le coin obscur d'un abattoir, le boucher n'attend pas moins leur dépouille. Quel mérite y a-t-il à les protéger ? Mais nous, qui sommes petits et sans défense, ne sommes-nous pas plus dignes de la protection de vos sociétés ? Il n'appartient qu'aux grands cœurs de protéger les faibles. Qu'est-ce qui a fait la célébrité des preux du moyen âge ? c'est qu'ils faisaient serment de défendre les opprimés, les orphelins et les dames, et qu'ils les défendaient jusqu'à la mort. Nous n'en demandons pas tant ; mais nous sommes opprimés, défendez-nous !

Est-ce que nous n'avons pas droit à l'exis-

tence comme de bons et honnêtes insectes ?
Pourquoi serions-nous voués à la destruction ;
pourquoi serions-nous déclarés indignes d'être
protégés ? Parce que nous mangeons des grai-
nes et de la verdure ? N'avons-nous pas le
droit de vivre des biens de la terre comme
tous les autres êtres vivants ? De quel droit
l'homme prend-il tout pour lui seul ? Je com-
prends que l'homme se défende contre les
animaux féroces qui l'attaquent. Mais nous
ne lui faisons pas grand mal, et nous ne demandons que notre juste part de la nourriture
commune.

XI

J'ai appris par un de nos petits moucherons
qui savent pénétrer partout, que quelques
hommes sensibles de ces bonnes sociétés pen-
sent ainsi ; ils soutiennent que la vie est
respectable dans tous les êtres, j'ignore s'ils
y comprennent même les loups enragés ou
non. Ces hommes vraiment bienfaisants n'écra-
seraient même pas une puce. Que Dieu les
bénisse !

Quoi qu'il en soit, les membres de la société de Paris sont nos ennemis déclarés. Ces hommes si bons sont pour nous sans pitié; ils nous font une guerre mortelle par leurs clameurs, par leurs écrits, par leur influence auprès des préfets. Ils se sont ligués avec ceux qui cultivent la terre. Ils disent que sans nous les produits de la France seraient doublés; que nous détruisons et ravageons tout; que nous mangeons trop; que nous sommes des bêtes nuisibles; qu'il faut nous anéantir par tous les moyens et surtout par la guerre que nous font les oiseaux; qu'enfin, on doit protéger avec le plus grand soin ces éternels ennemis de nos familles.

Ce qu'il y a de plus grave, c'est qu'on commence à se préoccuper de nous en haut lieu. N'en soyons pas étonnés, ô mes frères : on ne s'occupe que des forts.

Aussi, voyez comme on nous étudie! Depuis qu'on supprime l'affreuse race des oiseaux, nous avons à notre tour immensément grandi. On s'étonne, on fait des recherches sur notre manière de vivre, sur nos ressources, sur nos moyens d'attaque, sur notre incomparable fécondité. Les hommes, surpris de notre rapide accroissement et de nos progrès merveilleux, commencent à nous craindre. Dans le concert européen, nous sommes une puissance de premier ordre. Il a fallu soixante ans d'efforts à la Prusse pour arriver à occuper une grande place en Europe; mais nous, vingt ans de recueillement et de paix du côté des oiseaux, nous ont suffi pour tenir le monde entier en échec.

En France, on nous a déclaré la guerre. Mais comme, dans ce beau pays, on ne fait rien sans avoir d'abord beaucoup parlé, des mouches fidèles me tiennent au courant de ce qui se trame contre nous. J'ai appris par elles qu'un grand projet était préparé, et qu'un parti puissant était décidé à nous proscrire, à nous vouer tous à la mort, dans l'intérêt des cultivateurs et des jardiniers.

XII

J'ai tort de dire que tous nous sommes proscrits. L'homme a remarqué qu'il pouvait tirer un bon parti de plusieurs de nos espèces.

La médecine, la chimie, l'industrie s'emparent de leurs personnes et de leurs travaux pour les utiliser. Ils sont protégés sous le nom d'insectes utiles : c'est la plus triste des conditions ; je ne la souhaite pas à mes amis. J'aime mieux vivre et mourir simple capricorne que d'être classé parmi les insectes utiles : leur vie est glorieuse, si vous voulez, mais leur fin est misérable.

A peine la cantharide a-t-elle eu le temps de secouer ses ailes brillantes et de respirer le grand air sur les frênes, qu'on lui fait la chasse ; on la ramasse dans des paniers, on la laisse mourir de faim, on la fait sécher, on la met en poudre, et cette poudre a l'honneur d'être employée en vésicatoires sur les membres usés ou malades des hommes. C'est un insecte utile.

La cochenille, détachée des nopals et des cactus, est mise en sacs et expédiée dans tous les pays, livrée aux chimistes, qui la plongent dans l'eau bouillante, la font cuire, la transforment par d'habiles réactions en carmin.

Le bombyx des mûriers, qu'ils appellent vulgairement ver à soie, n'a pas une fin plus heureuse. On a construit, il est vrai, de grands bâtiments à son usage ; il y trouve toutes les commodités de la vie : un bon lit, des feuilles de mûrier à discrétion ; il a du monde pour le servir, de nombreux domestiques sont attachés à sa personne ; on prévient ses moindres désirs ; on respecte l'heure de son repos, l'heure de son changement de toilette. Lorsqu'il éprouve le désir de filer son cocon, on lui dresse de petits arbres artificiels dans lesquels il grimpe librement et file où il lui plaît. Quand il a fini, il s'endort du sommeil du juste.

Si j'avais le malheur de tomber malade, on me laisserait mourir dans mon trou. Mais notre pauvre camarade fut malade il y a quelque temps : le monde entier s'intéressa à sa précieuse santé. Les corps savants s'assemblèrent de toutes parts, cherchant la cause de la maladie et le remède. On promit de grandes récompenses à celui qui le trouverait...; on ne l'a pas trouvé. M. Guérin-Menneville, un savant, président de la Société protectrice des animaux de Paris, a lui-même beaucoup travaillé et n'a pas trouvé. La

Providence est venue au secours .du cher malade et l'a remis sur pied ; toutefois, on le comble d'attention, dans la crainte d'une rechute.

Il ne faut pas que notre camarade prenne tout cet intérêt qu'on lui témoigne pour une marque de sympathie envers sa personne : ce n'est pas le bombyx qu'on aime, c'est la précieuse soie qu'il sait filer. Aussi, qu'arrive-t-il quand notre ami a terminé son cocon ? Alors, plus d'égards, plus de pitié : on le saisit sans ménagement, on le plonge dans l'eau bouillante, on dévide son travail et l'on jette ses restes à la voirie. En Chine on en fait une friture, qu'on trouve succulente. Voilà le glorieux honneur qui revient à l'auteur de cette admirable matière dont la mise en œuvre nourrit la seconde capitale de la France.

L'abeille n'a pas une fin plus douce : on ne la fait pas cuire, on l'étouffe. Tous les poètes ont vanté les vertus de notre intéressante petite sœur. Le grand poète latin lui a consacré plus de six cents vers. Il chante le miel, présent du ciel et de la rosée ; il offre dans un petit objet le merveilleux spectacle des chefs magnanimes, de la naissance, des mœurs, des arts, des combats de ce peuple industrieux. On choisit aux abeilles une demeure fixe et commode, à l'abri du vent, sous l'ombrage protecteur des grands arbres, au milieu de jardins remplis de plantes et de fleurs odorantes. Les abeilles vivent en commun, élèvent en commun leur progéniture sous des lois fidèlement observées. Elles connaissent une patrie, elles ont un domicile fixe et mettent fraternellement en commun ce qu'elles ont amassé. Chacune, dans leur cité, a son emploi ; les unes sont chargées du soin des vivres et vont butiner dans la campagne ; les autres, occupées dans l'intérieur, élèvent les fondements de l'édifice et cimentent avec la cire les différents étages de leurs cellules ; d'autres font éclore et nourrissent les jeunes, espoir de la nation ; d'autres enfin font sentinelle aux portes. En cas d'attaque, toutes se réunissent autour de leurs chefs, combattent et meurent avec courage. Dans cette nation, pas de défaillance, et nul ne tenta jamais de frauder la patrie et d'échapper au service militaire.

Cependant l'abeille ne travaille pas seulement en artiste, pour l'unique satisfaction de construire d'élégantes et régulières petites cellules, et de les remplir d'un produit exquis. Elle travaille avec ardeur tout l'été, parce qu'elle prévoit l'hiver qui va venir ; elle sait qu'elle ne pourra plus sortir, et que ses provisions doivent la nourrir.

Mais l'homme arrive. Il aime le miel, le mange ou le vend. Pour s'emparer du travail des abeilles, tous les moyens lui sont bons. L'un fait mourir les abeilles qui remplissent la ruche, en les étouffant, en les enfumant ; l'autre emploie des moyens moins meurtriers : il fait la récolte de la cire et du miel, laissant à peine aux abeilles ce qu'il faut pour prolonger leur jeûne jusqu'à la saison prochaine, afin de les faire travailler encore à son profit. Celui-ci est moins féroce et plus habile que l'étouffeur.

Mes chers amis, prenez garde de devenir jamais insectes utiles. Vous le voyez, il n'y a rien à gagner. On travaille davantage, et pas pour soi ; une mort terrible vous attend. J'aime mieux vivre et rester libre capricorne comme était mon père. Notre espèce n'a rien à redouter, je ne crois pas que les hommes essayent jamais de l'utiliser. Je me souviens des conseils de mon vieux père à son lit de mort. Il avait reçu un coup de bec mortel d'une méchante linotte qui avait essayé vainement de le manger. Nous nous rendîmes, mes frères et moi, auprès de lui : Chers enfants, nous dit-il d'une voix défaillante, je vais mourir. Rappelez-vous mes derniers avertissements. Quoique l'homme soit plus féroce que l'oiseau, ne craignez pas ses attaques, il n'a pas besoin de vous; vous n'êtes bons à rien. Mais prenez garde à l'oiseau, vous voyez ce qu'il a fait de moi.

XIII

J'habite avec mon épouse, dans la partie la plus obscure de la grotte d'Apollon, une petite retraite située au plafond, entre deux rochers. Personnellement je vis fort tranquille dans ma cellule et n'y crains pas les oiseaux : ils ne peuvent m'y atteindre; mais quand je sors pour mes petites affaires, je suis forcé de prendre bien des précautions pour échapper aux mauvaises rencontres. Quoiqu'il y ait peu d'oiseaux, même dans le parc de Versailles si bien gardé, ils y sont encore assez nombreux pour nous croquer tous en une matinée, s'il nous prenait fantaisie de nous livrer à eux dans un moment de désespoir ; mais nous ne sommes pas comme la race humaine : dans nos familles, on n'a pas le moindre goût pour le suicide. Sous ce rapport, comme sous beaucoup d'autres, les animaux ne sont pas aussi bêtes que les hommes.

Un de ces derniers jours, j'étais encore plongé dans ce doux sommeil que le Créateur nous a donné pour nous épargner, chaque année, la vue désolée de cette triste saison qui dépouille les arbres et les champs de leur riche parure, lorsque la mouche, placée en sentinelle près du calorifère du palais, vint me réveiller.

— Sors de ton sommeil, me dit-elle ; n'as-tu pas assez dormi depuis six mois ?

C'est demain que vont se débattre nos destinées.

— En es-tu sûre ? lui répondis-je. Il y a plus de vingt ans que les hommes nous menacent des dernières rigueurs, et jamais ils n'ont pu se mettre d'accord. Il y a dix ans, ils avaient confié l'étude de cette grave affaire à un honnête et savant président du plus élevé de leurs tribunaux, et, cet homme de bien, ils l'ont assassiné. Ils ne savent pas délibérer en paix ; Au surplus, nous allons voir ce qu'ils feront cette fois.

XIV

Je n'ai jamais voulu me mêler à la politique. Un pauvre insecte n'a pas les vertus spéciales qui conviennent à ce genre d'exercice auquel se livrent tout particulièrement ceux qui désirent parvenir aux honneurs. J'aime mieux regarder le spectacle que de jouer un rôle dans la pièce. Comme la séance devait être consacrée à l'histoire naturelle, ainsi qu'à nos rapports avec la race humaine, je me promettais d'y trouver quelque plaisir. Mon attente n'a pas été trompée.

J'entendis d'abord la lecture d'un rapport

terrible contre nous, ce qu'on peut appeler
un acte d'accusation. On y énumère tous les
dégâts par nous causés à l'agriculture ; on
établit l'importance de ces dégâts ; on explique
le rôle des oiseaux et la destruction dont ils
sont eux-mêmes l'objet ; on propose des
mesures contre le phylloxera ; enfin on ne
veut plus d'insectes. Je connais votre con-
duite, et, je puis vous le dire, vos actes
n'étaient vraiment pas éxagérés, et les hommes ont de bonnes raisons de n'être pas
contents de nous.

Mais, le croiriez-vous, mes bons amis,
nous avons trouvé là un défenseur. Il a
reproché à l'auteur de l'acte d'accusation de
« s'être acharné à diffamer outrageusement
les insectes et à flagorner outre mesure les
oiseaux », ce sont ses propres expressions.
Puis il justifie l'utilité des insectes qui viennent en aide au cultivateur en facilitant la
fécondation des fleurs. Il dit que nous sommes
les grands agents de la production des blés et
des prairies. C'est assez fort de nous présenter
comme des agents de la fertilité agricole ; je
ne m'attendais pas à cet éloge, et redressant

mes grandes antennes, je poussai un cri d'admiration.

Ensuite, notre défenseur prend à partie le moineau et lui fait bel et bien son procès. Il soutient qu'il y a en France, au bas mot, dix millions d'effrontés pillards de cette race, et qu'ils dévorent cinquante millions de kilogrammes de blé! Voilà un coup bien envoyé, le moineau ne s'en relèvera pas de sitôt. Je pensai que les hommes pourraient bien condamner définitivement cet infâme moineau, et réhabiliter les insectes, comme ils ont fait pour la taupe.

XV.

Après ce brillant début, je croyais, et tous vous eussiez cru comme moi, que notre défenseur nous défendrait jusqu'au bout; mais le voilà qui tourne tout à coup. Il veut aussi notre perte. Il veut que ce soit la science de l'homme et non l'oiseau qui nous détruise. « Les oiseaux, dit-il, ne suffisent pas pour détruire les insectes nuisibles. Je ne dis pas qu'il ne faille rien faire contre eux, et je me garde bien de me poser comme leur protecteur. »

Il ne trouve pas raisonnable qu'on aille dénicher les oiseaux. Un peu plus loin, il soutient qu'il n'y a rien de plus salutaire pour les enfants des campagnes que de se promener, de grimper au sommet des arbres les plus élevés, pour enlever les nids d'oiseaux. Je ne suis qu'un insecte ; mais je sais que, dans les campagnes, ce ne sont que les petits mauvais sujets, les jeunes malfaiteurs, qui font ce métier et qu'on les condamne en police correctionnelle.

Il indique ensuite une recette pour faire périr les punaises, une recette pour manger les hannetons. Oui, il signale le hanneton à tous les gourmands, il y en a beaucoup. Pauvre hanneton !

« Prenez, dit-il, des hannetons, pilez-les,
« jetez-les dans un tamis. Si vous voulez faire
« un potage maigre, versez de l'eau par dessus.
« Si vous voulez faire un potage gras, versez
« du bouillon. Le goût est délicieux, apprécié
« des gourmets. »

Je croyais qu'on ne s'occuperait ce jour-là que d'histoire naturelle et d'agriculture. J'ignorais qu'on dût s'occuper de cuisine et y joindre un certain ragoût de philosophie nébuleuse. Écoutez, ô mes frères ; voici ce qui fut ajouté :

« Le monde que nous habitons et tous les « corps qu'il renferme sont composés d'atomes « indestructibles ; ces atomes, en se réunissant, « forment des molécules qui, en s'agrégeant « *elles-mêmes,* forment tous les corps qui « nous entourent, tout aussi bien les corps « inertes que les corps vivants. Eh bien, il n'est « pas donné à l'homme d'augmenter d'un seul « le nombre de ces atomes ; mais il a la puis- « sance de les forcer à s'arranger de façon à « fournir les molécules qui lui conviennent, « et ces molécules il est libre de les trans- « former en certains corps.... »

Vous avez bien entendu ; mais ne cherchez pas à comprendre. Les inventeurs et prôneurs de ce système ne comprennent pas davantage. Seulement ils ne veulent point admettre de créateur du monde. Ils ne reconnaissent pas Dieu ; alors ils vous disent que tout ce qui existe, vivant ou mort : terre, pierres, arbres, fleurs, maisons, hommes, femmes, enfants, lions, chiens, chameaux, carpes, fourmis et papillons, étoiles, lune et soleil, tout enfin est formé de molécules qui se sont accrochées en se livrant à une danse effrénée. C'est plus réjouissant que le récit de la Bible. Mais les molécules, les atomes qui dansent si bien, qui donc les a créés ? qui donc leur communique ce mouvement ? qui les a dressés ? montrez-moi le maître de danse... Décidément, j'aime mieux le récit de la Bible.

XVI.

Ces excellentes raisons devaient-elles contribuer au gain de notre cause ? je l'ignore. Mais, je l'avouerai naïvement, je ne m'attendais pas à entendre ces étranges choses, à l'occasion des insectes utiles ou nuisibles et des oiseaux insectivores ou granivores. Je n'ai pas voulu en entendre davantage.

Je consultai la mouche et lui demandai ce que c'étaient que les atomes et ce qu'ils venaient faire ici.

— Des nuages, me dit-elle, des nuages qui passent sur le soleil.

— Vous êtes cent fois trop bonne, ma chère, lui répondis-je. Mais enfin, qu'est-ce que ces atomes dont je n'ai jamais entendu parler ? Est-ce une espèce d'insectes peu connue ?

— Je ne les connais pas davange, me répondit la mouche. Il doit y avoir du grec là-dedans et je ne sais pas le grec ; c'est un malheur. Mais je vais vous conduire chez une de mes voisines qui passe ses journées à la bibliothèque ; elle est savante, et nous expliquera peut-être la chose.

Nous nous rendîmes chez la voisine, nous la trouvâmes occupée à parcourir les pages d'un gros livre. Je la mis au courant de ce que nous avions entendu et lui demandai des explications sur les atomes.

— Atome, nous dit la bonne mouche, vient du grec *atomos,* indivisible, se dit d'un corps supposé indivisible à cause de sa petitesse. Ce qu'on a dit des atomes est une sornette renouvelée des Grecs, comme le jeu de l'oie.

Cette vieille sottise d'un philosophe en délire date de trois cents ans avant Jésus-Christ. Il y a plus de deux mille ans qu'elle est jugée ! Les anciens eux-mêmes s'en moquaient, car n'ayant pas moins de bon sens que nous, ils croyaient à l'existence d'un Dieu créateur de toutes choses, éternel, tout-puissant et juste, qui voit tout et qui récompensera les bons et punira les méchants.

Cette plaisanterie, imaginée par le philosophe grec Epicure, a été rééditée de nos jours par quelques-uns de ces farceurs, si nombreux parmi les savants qui travaillent dans le vieux pour trouver du neuf. Comme il y a beaucoup plus de sots et d'illettrés que de gens instruits et de bon sens, c'est avec cette niaiserie qu'ils combattent le christianisme, qui se rit de leurs efforts.

Il est bien entendu, une fois pour toutes, que je ne parle pas de messieurs tel ou tel. Je ne relève que certaines opinions, sans m'occuper des personnes et de la religion qu'elles professent...., quand elles en ont une. Un insecte bien élevé sait respecter ce qui est respectable.

— Voici, me dit la mouche, un livre qu'un de ces messieurs a laissé ouvert sur cette table. Il faisait sans doute la même recherche que vous. Lisez vous-même.

Je pris des lunettes qui se trouvaient là et je lus ce qui suit :

« Voici quelle était la doctrine d'Épicure.
« Le philosophe athénien disait que les atomes
« étaient simples et invariables ; qu'outre ce
« qu'il appelait leur mouvement primitif et
« uniforme dans le sens perpendiculaire, ils
« avaient un mouvement détourné et oblique.
« Les atomes, en s'accrochant, ont produit
« des agrégats ou corps et même l'univers
« entier, immuable, infini, mais trop imparfait
« pour être l'ouvrage d'une cause intelli-
« gente. »

— Les hommes de nos jours se vantent d'être dans le progrès ; mais reproduire ces bouffonneries, ce n'est assurément pas un progrès, dis-je à la mouche ; il ne manque à tout cela que le bon sens.

— C'est ce qui fait son mérite pour beaucoup d'hommes, me répondit la mouche.

— Mais enfin, pourquoi les atomes d'Épicure à propos des insectes, ajoutai-je ?

— Pourquoi ?... mon cher capricorne, me répondit-elle, pour vous montrer qu'en tout temps la race humaine a déraisonné. Voilà, sans doute, quelle a été la pensée de l'orateur.

XVII

J'étais rentré dans mon trou assez rassuré. J'avais remarqué que, malgré la gravité du sujet qui préoccupe vivement les familles des cultivateurs et les nôtres, on avait beaucoup ri. Il m'avait semblé qu'on riait surtout des efforts de ceux qui voulaient notre destruction. Je pris cette bonne humeur comme un augure favorable et je pensai qu'il ne sortirait de tout cela rien de fâcheux contre nous. Je ne me suis pas trompé.

La mouche, qui suivait attentivement cette affaire, est venue m'annoncer que tout le projet contre les insectes avait été rejeté ; par quel motif ? je n'en sais rien. Est-ce à cause des atomes ? je ne veux pas le rechercher. Quant au projet en faveur des oiseaux, il a été renvoyé à ceux qui avaient dressé l'acte d'accusation, afin qu'ils décident s'ils présenteront un nouveau projet ou s'ils y renonceront. Que fera-t-on ? je l'ignore ; mais je me permettrai de dire qu'on ferait bien de demander aux insectes leur opinion. Ils ne prononceraient pas de longs discours, et décideraient sur-le-champ que ce qu'il y a de mieux à faire, ce n'est pas de continuer à détruire la race méchante des oiseaux par les petits moyens des filets et des tendues, mais d'accorder de grandes récompenses à ceux qui trouveront des procédés de destruction encore plus rapides. Alors le cultivateur ne craindra plus les entreprises déplorables des moineaux qui dévorent cinquante millions de kilogrammes de son blé ; alors le cultivateur reconnaîtra tous les services que les insectes lui rendront de plus en plus, lorsqu'ils pourront travailler à leur aise à la fécondation de ses arbres, de ses champs et de ses prairies, sans être dérangés par les oiseaux.

Quoi qu'il en soit, vous le voyez, nos affairés vont bien. Les jardiniers, les cultivateurs et les forestiers auraient mauvaise grâce à se plaindre de nous, et nous aurions grandement tort de nous gêner.

XVIII

Il est bon de vous dire, qu'au cours de l'intéressante discussion, il a été déclaré par ceux qui font les lois, que celle de l'an IV prescrivant l'échenillage ne s'exécute pas et qu'elle est tombée en désuétude. Nous savons cependant que cette loi sert, dans beaucoup d'endroits, à rendre les pauvres chenilles très-malheureuses. On coupe méchamment les branches d'arbres où elles se réunissent en famille pour s'occuper de leurs affaires et se garantir du froid de la nuit, et l'on brûle sur place les branches et les chenilles. Le moment approche où les hommes vont se livrer à cette occupation. Mais, si cette loi ne s'exécute plus, il faut rassurer nos innocentes camarades, car on cessera partout, sans doute, de leur faire cette guerre inhumaine. Si cette loi ne s'exécute plus, je ne trouve pas juste qu'on nous mette à mort en vertu de ses dispositions.

Je dois relever encore un point qui m'a singulièrement touché. On a dit : « Au nom « de la science, ce n'est pas à l'oiseau qu'il « faut recourir, mais à l'insecte lui-même. « Ce que détruisent d'insectes les ichneumo- « nides est incalculable. Sans une petite « mouche, le microgaster glomerator, pas un « chou n'échapperait à la pierride. L'araignée « couvre de ses rêts, le fourmi-lion de ses « fosses la nature entière. Une moitié des « insectes qui vit de proie, mange l'autre « moitié qui vit de plantes. »

N'est-ce pas une horreur qu'on puisse exa-gérer les choses à ce point ? Oui, dans nos familles si nombreuses, quelques frères égarés se sont fait certaines habitudes carnassières ; mais loin d'être aussi nombreux et aussi re-doutables qu'on le prétend, ils ne sont que de très-rares exceptions. D'ailleurs, s'il était vrai qu'une moitié des nôtres mangeât l'autre moitié, nos familles diminueraient, tandis qu'au contraire elles augmentent dans des proportions inouïes.

Ah ! quelques-uns d'entre nous sont en guerre contre les autres ! Mais l'homme, qui prétend être seul doué d'intelligence et roi de la création, dont il est bien plutôt le tyran, quels exemples donne-t-il à tous les êtres créés ? Combien d'hommes n'ont pas d'autre industrie que celle de l'araignée et du fourmi-lion ! N'est-il pas plus vrai de dire qu'une moitié du genre humain tend ses filets et dresse des embûches pour prendre l'autre moitié ?

Si quelques-uns d'entre nous sont en guerre, les hommes n'ont-ils pas inventé, n'inventent-ils pas tous les jours les engins les plus meurtriers pour se détruire sans nécessité ? Avec quelle barbarie ne se font-ils pas la guerre ? L'animal tue pour manger, l'homme tue pour le plaisir de tuer.

XIX

Sous beaucoup de rapports, en vérité, les animaux valent mieux que les hommes. Les animaux savent se parler et s'entendre ; les hommes ne le croient pas, parce qu'ils n'ont pu pénétrer et comprendre encore leur langage. Ne sont-ce pas les bêtes qui fournissent à l'homme les meilleurs exemples ? L'âne lui enseigne la patience et la résignation ; nos sages fourmis, l'économie, l'épargne, la prévoyance ; l'abeille, l'amour du travail et le dévouement à la patrie ; le chien, l'amitié, la fidélité, le sacrifice. Nous enseignons tous les grands devoirs, naturellement et sans attendre ou demander de récompense. Que l'homme cesse de vanter son courage : il chasse le lièvre, la caille et l'alouette ; le lion chasse l'homme armé de toutes pièces. Les animaux domestiques ne sont-ils pas plus dociles, plus doux, plus traitables que les hommes qui les mènent ; le cheval, plus attentif et plus obéissant que le charretier qui le conduit ? Tous n'ont-ils pas plus de continence et de sobriété, et ne sont-ils pas moins déréglés que l'homme ?

Le chien, l'éléphant et tant d'autres animaux ne sont-ils pas plus intelligents que beaucoup d'hommes ? Que fait l'homme des animaux domestiques, si bons et si soumis ? Les victimes de son aveugle brutalité. Il fait mourir sous ses coups l'âne et le cheval qui lui donnent, sans réserve, tout ce qu'ils ont de force et de bonne volonté ! Est-il un seul homme qui pût être un animal docile, soumis, obéissant ? Qu'est-ce que leur Socrate, leur Aristide, comparés au chien du pauvre aveugle ? Foi de Capricorne, un animal ordinaire serait un homme vertueux !

XX

Quant à nos familles, elles sont tranquilles pour longtemps. Nous pouvons nous égayer aux dépens de la race humaine et de la race des oiseaux, nos ennemis. Les grands projets qui nous avaient fait si peur sont mis de côté. On trouve que nous nous détruisons assez nous-mêmes, je le veux bien. On trouve que la loi protège suffisamment les oiseaux, j'y consens, d'autant plus volontiers que nous augmentons à vue d'œil et que les oiseaux sont presque détruits.

Mais voici que les femmes s'en mêlent, elles font des plumes de nos ennemis un objet de toilette. Oh ! l'heureuse invention ! La mode est prise ; les oiseaux disparaîtront plus vite. Une loi même serait impuissante. Quel législateur oserait attenter à la liberté de la toilette ? Sachez que la femme veut être libre. Ce que femme veut, le diable même né saurait l'empêcher. Réjouissez-vous donc et célébrez votre victoire, insectes de tout genre qui peuplez l'eau, l'air et la terre, qui habitez les bois, les champs, les jardins : les bois, les champs, les jardins sont à vous !

En avant, les trois cent soixante-deux mille grandes familles ; insectes de jour et de nuit, sautez de joie ! Ouvrez des souscriptions, élevez des statues ! Dites bien aux laboureurs et aux jardiniers qu'ils doivent plus que jamais compter sur notre coopération active et dévouée pour la fructification de leurs plantes et de leurs arbres.

Dansez gaiement dans les blés, les orges et les avoines, heureux charançons, alucites, taupins et cécidomyes : la récolte est à vous ! Que les altises, les nitidules et les pucerons se partagent les colzas ; que le chlorops ne quitte plus les seigles, la noctuelle le millet, la noctuelle armigère le maïs ; allez, installez-vous à votre aise dans le sorgho, le lin, le houblon, la betterave, la pomme de terre, les prairies naturelles et artificielles, toutes les plantes de choix. Que les chenilles de toute sorte aillent sans crainte à leurs arbres. Vous n'avez plus besoin de vous cacher. Le ver blanc, le gris, le jaune peuvent retourner tranquillement aux racines.

Allez tous dans leurs jardins, dans leurs délicieux potagers; allez à la vigne, aux arbres des bois, des vergers, des jardins: attaquez la racine, l'écorce, le bois, la jeune branche, la feuille, la fleur, le fruit, selon vos goûts et vos aptitudes, mangez tout!

Et vous, jolis papillons, demoiselles légères, balancez-vous sur les fleurs et sur les grandes herbes; cigales et grillons, redoublez vos gais refrains, réjouissez-vous et célébrez votre victoire, et mangez à votre appétit. Quant à vous, pauvres hannetons voués à leur cuisine, prenez garde à vous!

FIN

grands services pour l'enseignement de l'agriculture dans
les écoles rurales.

PREMIERS ÉLÉMENTS D'HISTOIRE NATURELLE

Avec de nombreuses gravures dans le texte ; par
Mme C. C..., institutrice. Charmant volume in-18,
cartonné. — Prix : 75 cent.

On vend séparément :

I. **Les Plantes**, demi-cartonnage.....   25 cent.
II. **Les Animaux**,   —   ..... 25 cent.
III. **Les Minéraux**   —   ..... 25 cent.

Les enfants sont très-curieux, ils veulent tout savoir.
Il faut leur dire comment viennent les *plantes*, comment
se classent les *animaux*, où l'on trouve le *charbon, le fer,
l'or, les pierres précieuses*, en un mot, explorer avec eux
les trois règnes de la nature. Tel est le but de la nouvelle
publication de Mme C. C..., institutrice distinguée, qui a
su mettre les premiers éléments de la science à la portée
des plus jeunes enfants.

SIMPLES FORMULES D'ACTES SOUS SEING PRIVÉ

A l'usage des écoles primaires et des classes d'adul-
tes ; par LABOURASSE, inspecteur des écoles. 5e édition.
Prix, cart., 25 cent.

PETITS ÉLÉMENTS DES CODES FRANÇAIS

Exposés par demandes et par réponses, à l'usage
des écoles primaires ; par J.-B.-C. Picot, docteur en
droit. Vol. in-18 de 144 pages. 2e édition. — Prix,
cartonné : 50 cent.

CODE CIVIL

Expliqué article par article, selon la doctrine et la
jurisprudence, suivi d'une table analytique et alpha-
bétique formant un véritable dictionnaire des matiè-
res ; par LE MÊME. 2 forts vol. in-8°. Prix, broché :
16 fr. Relié en demi-chagrin, 20 fr.